NOTE

SUR LA VENTILATION

DES HOPITAUX

RÉDIGÉE

POUR LE COMITÉ CONSULTATIF DES HOPITAUX

PAR L'UN DE SES MEMBRES.

1865

NOTE

SUR LA VENTILATION

DES HOPITAUX

Les questions relatives à la ventilation des établissements publics, et en particulier des hôpitaux, sont familières à peu de personnes.

Cela tient, d'une part, à ce que les applications qui ont été faites jusqu'à ce jour des systèmes proposés sont à peine sorties de la période d'essai, et, d'autre part, à ce que la science n'a pu encore se prononcer entre eux, et poser, d'une manière générale et avec l'autorité qui lui appartient, les principes à observer dans l'établissement des moyens les plus efficaces pour procurer le renouvellement de l'air des salles de malades.

L'un des systèmes appliqués dans les hôpitaux de Paris a eu la bonne fortune d'obtenir l'approbation d'un savant distingué, et par suite le patronage d'une publicité très-étendue. L'autre système, au contraire, a donné lieu à des travaux restés inédits ou insérés dans un recueil scientifique où ils n'ont reçu qu'une publicité restreinte.

Il en résulte que le public, de plus en plus nombreux, des savants, médecins ou administrateurs, qui est appelé à s'occuper des questions assurément difficiles que soulèvent les problèmes à résoudre, n'a pas en sa possession les matériaux nécessaires pour étudier et apprécier par lui-même les avantages ou les inconvénients des divers modes.

Aussi, l'Administration de l'Assistance publique se propose-t-elle, dans un intérêt général, et pour répondre aux demandes de renseignements qui lui sont adressées journellement de la France et des pays étrangers, de réunir, sous le titre de : *Documents relatifs à la ventilation et au chauffage des hôpitaux,* les procès-verbaux et rapports que des ingénieurs, des savants ou des commissions d'hommes spéciaux, commis par elle, lui ont remis sur ce sujet.

Mais, comme sa collection n'est pas encore complète. au moment où le Comité consultatif des hôpitaux est appelé à délibérer sur cet objet, l'un de ses membres a cru devoir, pour éclairer ses collègues, présenter quelques observations sur les conclusions proposées au Comité, et les appuyer de diverses citations tirées des documents dont il vient d'être parlé.

Ces extraits, reproduits avec une scrupuleuse fidélité, montreront au moins que les conclusions du rapport présenté au Comité, sont en désaccord avec les expériences les plus sérieuses d'observateurs auss savants que désintéressés.

I

Le Comité consultatif des hôpitaux a une mission surtout scientifique : il lui appartient de tracer les principes à suivre dans les matières de sa compétence ; mais il doit, ce semble, s'abstenir de transporter dans les documents qui émanent de lui et qui sont destinés à recevoir la haute sanction du Gouvernement, l'apologie d'un système exclusif dont l'excellence est loin d'être généralement reconnue; il doit s'abstenir davantage encore de proscrire en quelque sorte un autre système qui a été appliqué dans beaucoup d'établissements publics, et qui, sous la direction des ingénieurs de l'État, s'établit successivement dans les manufactures impériales des tabacs, avec un succès constaté.

Tout d'abord, lorsque l'on parcourt le rapport fait au nom de la commission d'hygiène, on est surpris de n'y point trouver une démonstration de la nécessité de recourir à des moyens particuliers pour assainir, par une ventilation abondante, les salles des hôpitaux. Cette démonstration pourtant est plus opportune que jamais ; car, parmi les médecins, il est des personnes éclairées qui contestent l'utilité et même l'innocuité de la ventilation artificielle, et qui voudraient qu'on n'employât dans les hôpitaux, pour aérer les salles, d'autres moyens que l'ouverture des fenêtres. Dans leur opinion, qui s'appuie sur l'exemple de l'Angleterre, la ventilation naturelle, comme ils la qualifient, est la seule qu'il convienne de pratiquer. Il n'eût donc pas été superflu d'examiner si cette opinion a quelque fondement, et pour cela il eût fallu rechercher scientifiquement comment s'effectue le renouvellement de l'air, lorsque l'on ouvre, dans les diverses saisons de l'année, les fenêtres d'une salle de malades; comment alors l'air neuf s'introduit; quel parcours il fait dans la salle; s'il peut, lors même que toutes les dispositions rationnelles sont prises, pénétrer dans toutes les parties de celle-ci, sans incommoder les malades, ou les exposer à de nouvelles complications morbides; comment enfin s'opère la sortie de l'air vicié. Toutes ces questions valaient la peine d'être résolues; car si l'opinion que j'indique est fondée, il serait fâcheux, sous tous les rapports, de conseiller aux administrations hospitalières l'emploi de moyens dispendieux. Si au contraire elle est entachée d'erreur, il y aurait urgence à le démontrer, ne fût-ce, que pour empêcher un préjugé qui aurait plus d'un inconvénient, de s'étendre davantage, et pour éclairer les médecins sur l'insuffisance ou sur les dangers d'une pratique à laquelle un certain nombre d'entre eux attribuent une souveraine efficacité et que quelques-uns même emploient déjà dans les hôpitaux.

Sans doute l'opinion des médecins français qui soutiennent l'excellence de la ventilation naturelle ne repose point sur des observations positives; elle procède de l'intuition ou plutôt du besoin si fréquent chez l'homme d'expliquer, par de pures hypothèses, ce qui lui reste inconnu. Mais une personne dont les travaux ont une grande autorité dans les questions hospitalières a posé la question d'une manière qui sollicite les méditations de la science; elle prétend que c'est contrevenir aux lois physiologiques que d'enfermer les malades dans une atmosphère fixe, et voici comment elle s'exprime, après avoir décrit les appareils de ventilation de l'hôpital Lariboisière :

« Ces faits ont occasionné une discussion importante, dont le point de départ est remarquable et doit être bien considéré. Nous voyons un des hôpitaux les mieux construits (Lariboisière), qui fait profession de délivrer à chacun de ses malades de 2,500 à 5,000 pieds cubes d'air pur chauffé par heure, d'enlever l'air respiré, immédiatement, conformément aux principes scientifiques les plus corrects et les mieux établis, et nous voyons aussi les résultats.

« On est frappé, en examinant ce procédé, de la différence qui existe dans la méthode employée par la nature pour distribuer l'air. La nature fournit aux malades et aux valides un air de température, variable avec les heures de jour et de nuit et avec la saison, et elle proportionne toujours la quantité de vapeur d'eau en suspension à la température. L'air est constamment renouvelé par les mouvements continus de l'atmosphère, qui est échauffée, non point par le contact de surfaces métalliques portées à une haute température, mais par la chaleur rayonnante. Nous savons tous combien sont nécessaires, pour conserver la santé aux gens bien portants, les variations de température et de saison.

« Avons-nous quelque droit d'affirmer qu'il en est autrement dans le cas de maladie ? En employant exclusivement un système où la ventilation et le chauffage combinés ne donnent aux malades que de l'air desséché à une température fixe de 60° Fahrenheit (16° 66), est-on d'accord avec la loi physiologique ? Est-ce un moyen rationnel de stimuler l'économie et de permettre à la constitution de se relever d'une maladie sérieuse ou de blessures graves, que d'enfermer les malades, nuit et jour, dans une sorte de serre à température fixe? Je ne le pense pas. Au contraire, j'ai tout lieu de croire, je dirai plus, j'ai la certitude que l'hygiène atmosphérique de la chambre du malade ne doit pas différer essentiellement de celle d'une habitation bien ordonnée et saine.

....

« Le meilleur moyen de rendre sains ces magnifiques bâtiments serait d'abandonner complétement les appareils de ventilation et de chauffage, d'établir des cheminées ouvertes donnant de la chaleur rayonnante et de se fier uniquement à leurs fenêtres admirablement disposées pour la ventilation.

« Cette méthode est adoptée en Russie, où il fait beaucoup plus froid qu'à Paris.

....

« La ventilation naturelle et les foyers ouverts sont les seuls moyens convenables et hygiéniques de renouveler et de chauffer l'air dans les hôpitaux. Toutes les fois que le temps le permet, les fenêtres d'une salle de malades doivent être plus ou moins ouvertes. Si le temps est orageux, froid, et pendant la nuit, on obtiendra une ventilation suffisante, même les fenêtres fermées, au moyen de quelques petites cheminées d'appel partant de la partie supérieure des salles et d'ouvertures dirigées de bas en haut (ainsi que cela est indiqué dans les figures 13, 14 et 15), pour admettre doucement l'air du dehors.

....

« Les foyers ouverts sont d'excellents agents de ventilation; il a été prouvé par l'expérience directe, qu'un seul foyer ouvert, dans certains états du vent, enlevait 60,000 pieds cubes d'air par heure, c'est-à-dire autant que le système français doit en fournir pour 24 malades (1). »

Si Miss Nightingale, en s'exprimant ainsi, s'exagère

_____

(1) *Notes on Hospitals*, 3ᵉ édition, 1863, page 76.

les avantages de la ventilation naturelle, et obéit, dans ses conclusions, à des idées trop exclusives peut-être qui ont cours dans son pays, il y aurait utilité à le démontrer; mais ce qu'il serait surtout essentiel de rechercher, c'est de savoir si, en effet, avec la diversité des tempéraments, avec la nature si variée des maladies, il est bon de procurer, par la ventilation et le chauffage combinés, aux malades plus ou moins nombreux rassemblés dans une salle d'hôpital, une atmosphère à peu près fixe pendant le jour et la nuit. Si cette méthode est réellement contraire aux données physiologiques, faut-il se contenter d'ouvrir les fenêtres pour l'aération des salles, ou bien y distribuer, au moyen de la ventilation artificielle, une température variable comme celle de l'extérieur, et se rapprochant de celle que nous faisons régner dans nos appartements, en alimentant plus ou moins abondamment les foyers de nos cheminées, selon le froid plus ou moins vif du dehors. Ce sont là à coup sûr de belles questions que la science profonde de plusieurs de nos collègues pourrait élucider, et qui mériteraient d'être discutées, et, s'il est possible, résolues dans les conclusions que le Comité consultatif des hôpitaux est appelé à formuler.

II

Il eût été non moins opportun, après avoir démontré l'utilité même de la ventilation artificielle, de donner, pour l'édification des administrations charitables, une description complète et impartiale des procédés employés dans chaque système, en commençant par l'indication exacte de la prise d'air et en terminant par le mode d'évacuation de l'air vicié.

Mais, au lieu d'employer cette marche si naturelle, le rapporteur se borne à fournir en quelques mots une explication générale de la ventilation, décrivant seulement les appareils disposés pour l'évacuation de l'air, se taisant sur la première et la plus importante moitié du système ; puis il se hâte, dès le début, de formuler des conclusions exclusives, et pose, dans une définition très-imparfaite de la ventilation, une base de laquelle il fera découler l'apologie du système qu'il entend faire prévaloir.

On lit en effet dans le rapport, page 180 :

« ..... Il a paru évident à votre Commission qu'elle devait admettre pour base de ses discussions le principe suivant :

« *La ventilation hygiénique des hôpitaux doit avoir pour but et pour effet principal d'extraire l'air vicié des lieux et des points même où il se produit.* »

Cela n'est pas aussi évident qu'on l'affirme ; ce qui est plus clair, c'est l'incomplet et le défaut de justesse de la définition.

Il est aussi important, en effet, *d'introduire de l'air pur* que *d'extraire l'air vicié*. Si on remplaçait l'air vicié par de l'air venant des offices, des escaliers ou des latrines, et même par de l'air pris sur les faces latérales des bâtiments, dans le voisinage et au-dessus des fenêtres, comme dans le système préconisé par le rapport, pourrait-on dire que la ventilation est hygiénique ? Assurément, non.

Il est donc nécessaire d'ajouter au principe posé, la condition de l'introduction de l'air pur, et de dire alors :

« La ventilation hygiénique des hôpitaux doit avoir pour but d'introduire de l'air pur dans les salles, par des orifices disposés de manière à ne pas incommoder les malades, et d'extraire l'air vicié des lieux et des points même où il se produit. »

Un peu plus loin, M. le rapporteur semble reconnaître à l'avance la justesse de cette observation, en exprimant « qu'on ne doit pas séparer l'étude des dispositions à prendre pour assurer la rentrée de l'air de celles qui ont pour objet son extraction. » Et il continue ainsi :

« Cependant, quoique ces deux questions soient connexes et très-étroitement liées l'une à l'autre, la première (celle de l'extraction), est évidemment la plus importante; la seconde n'en est que la conséquence forcée. Cela est si vrai que quand la solution de la première est assurée, la nature seule se charge presque toujours d'une grande partie de celle de la seconde. »

La nature se charge évidemment de remplacer l'air extrait des salles; mais si des précautions convenables ne sont pas prises, elle peut le faire par de l'air impur provenant des escaliers ou des offices, des latrines ou de cours peu salubres.

D'ailleurs, la proposition inverse est vraie : Si l'introduction de l'air est assurée, *la nature* se charge de faire sortir des salles un volume d'air égal au volume introduit.

Disons-le : faire consister la prétendue supériorité d'un système de ventilation exclusivement dans la manière plus ou moins parfaite dont il procure l'évacuation de l'air vicié, c'est avouer l'infériorité des moyens qu'il emploie pour introduire dans les salles de l'air pur. Tous les hygiénistes, tous les médecins attachent une importance capitale à procurer aux malades de l'air exempt de toute altération, et ils consentiraient difficilement à s'en remettre *à la nature*, du soin de remplacer par de l'air d'une origine suspecte l'air vicié extrait les salles.

La définition proposée par le rapport doit donc être modifiée dans le sens indiqué plus haut, pour correspondre à un système de ventilation efficace et complet.

III

S'occupant de la ventilation d'hiver, le rapport (page 183) reconnaît que, dans cette saison, l'évacuation de l'air vicié se fait à peu près régulièrement par tous les conduits, dans le système de l'aspiration comme dans celui de l'insufflation; mais il prétend qu'il n'en est pas de même au printemps et à l'automne, quand il fait du vent, et encore moins en été. C'est alors, dit le rapporteur, que se manifeste toute l'infériorité du système de

l'insufflation, et au contraire toute la supériorité du système de l'aspiration.

Cette appréciation toute favorable au système qui a
les préférences du rapport, est-elle donc fondée? Dans
les pavillons 1, 3 et 5 ventilés par aspiration, le volume
d'air introduit en hiver, par les poêles, est d'environ
30 à 40 mètres cubes; en été, il est encore plus faible.
Ce fait est établi formellement par les témoignages de
deux expérimentateurs, MM. Grassi et Trélat, et il serait
difficile de trouver dans de pareils résultats la preuve
que le système de l'aspiration procure une ventilation
efficace et hygiénique.

Ici, comme toujours, il est vrai, le rapport ne s'occupe
que de l'air évacué, et non pas de l'air entrant par les
orifices normaux. Il évite ainsi d'aborder le terrain des
objections graves; nous aurons l'occasion d'y revenir.

IV

Plus loin, M. le rapporteur fait remarquer (page 184)
que l'influence du ventilateur sur l'évacuation de l'air
vicié, dans le système de l'insufflation, est très minime
en hiver, et que la plus ou moins grande vitesse donnée
au ventilateur ne saurait remédier à l'insuffisance de la
ventilation de printemps et d'été.

Les partisans du système de l'insufflation n'ont jamais
prétendu attribuer à l'action exclusive du ventilateur
l'évacuation de l'air vicié pendant la saison d'hiver; ils

savent très-bien que les canaux nombreux disposés dans les salles pour l'évacuation, recevant incessamment de l'air chauffé à 18 ou 20°, doivent activer puissamment l'évacuation de l'air, et aider à l'action de pression exercée par le ventilateur.

Les choses ne se passent pas tout à fait de même en été. Mais qui donc empêcherait, pendant cette saison, si l'on ne veut se contenter d'ouvrir les fenêtres, d'ajouter à l'action de pression de l'air entrant avec abondance, quelques moyens supplémentaires d'appel. **M.** Van-Hecke l'avait fait dans l'origine, à Beaujon, en y établissant un ventilateur aspirant, et ce moyen n'est pas le seul qui puisse être appliqué économiquement, comme nous le montrerons plus loin.

Au surplus, **M.** Grassi a institué à l'hôpital Beaujon, dans le but de rechercher dans quel système s'effectue le plus rapidement l'évacuation de l'air des salles, des expériences comparatives qui tendent à prouver que l'avantage, sous ce rapport, n'est pas acquis au système de l'aspiration.

Citons **M.** Grassi textuellement :

COMPARAISON DIRECTE DES DEUX SYSTÈMES.

« J'ai fait quelques expériences pour voir quels étaient, pour le changement de l'atmosphère d'une salle, les effets d'un même volume d'air déplacé par injection ou par appel. Pour cela, j'ai comparé le temps qu'exigeaient, pour changer complétement l'atmosphère d'une salle, la ventilation par appel et la ventilation par injection agissant avec la même énergie.

« Voici comment j'ai opéré :

« J'ai arrêté la machine, et j'ai fermé les orifices d'entrée et de sortie de l'air, de manière à supprimer complétement la ventilation. Les portes et les fenêtres du premier étage étant fermées, j'ai versé peu à peu, sur une pelle rougie au feu, un demi-flacon de vinaigre aromatique. Les vapeurs ont bientôt rempli la salle, dans tous les points de laquelle l'odeur était très-forte. J'ai noté l'heure, et j'ai fait marcher la ventilation agissant par injection.

« Le volume total d'air poussé par la machine était de 3,904 mètres cubes, et celui qui entrait au premier étage, de 1,157 mètres cubes par heure.

« De temps à autre, je sortais de la salle où je rentrais ensuite, pour mieux apprécier l'odeur qui diminuait. Vers la fin de l'expérience, je montais auprès de la cheminée d'évacuation qui concentre le courant d'air, et forçant cet air à passer par un petit orifice disposé à cet effet, je pouvais, en approchant, percevoir des traces d'odeur qui, dans la salle, auraient échappé par leur diffusion. Au bout de 50 minutes de ventilation par injection, l'odeur avait complétement disparu. Pendant ce temps, il était entré dans la salle 964 mètres cubes d'air. La capacité de la salle est d'environ 750 mètres cubes.

« J'ai répété cette expérience avec la ventilation par appel et en employant l'autre moitié du flacon de vinaigre aromatique. Le volume total d'air passant par la cheminée d'appel était de 3,926 mètres cubes par heure, et celui qui était extrait de la salle pendant le même temps, de 1,241 mètres cubes. L'odeur a exigé, pour disparaître, une heure dix minutes. Pendant ce temps, la ventilation avait extrait de la salle 1,448 mètres cubes, c'est-à-dire un volume à peu près double de celui de la salle elle-même ; il a donc fallu un volume d'air beaucoup plus considérable en agissant par appel qu'en opérant par injection, pour obtenir le même résultat : faire disparaître une même quantité de vapeur aromatique.

« Dans l'expérience précédente, pendant qu'il sort de la salle 1,448 mètres cubes d'air, il en entre 797 par le poêle et l'orifice placé près de la ligne médiane. Ce nombre est peu différent de 964 qui a été mis en mouvement dans la ventilation par injection; l'effet utile est presque exclusivement produit par l'air qui entre par le poêle et l'orifice, c'est-à-dire par la partie centrale de la salle. Presque tout celui qui entre par les joints des croisées glisse le long des murs, gagne les canaux d'évacuation sans se mélanger et sans purifier l'atmosphère ambiante.

« J'ai répété cette double expérience avec une vitesse différente imprimée à la machine. La ventilation par injection n'a exigé que quarante-cinq minutes pour faire disparaître une quantité de vapeur aromatique qui, antérieurement, n'avait cessé d'être sensible qu'après soixante-cinq minutes de ventilation par appel. Un résultat analogue a été obtenu, en faisant brûler dans la salle des clous fumants qui l'avaient remplie d'une odeur très-prononcée.

« Enfin, une dernière expérience a été faite par M. Blondel, président de la Commission et moi, en présence de MM. le directeur et l'économe de l'hôpital Beaujon. Nous avons fait sortir tous les malades de la salle du deuxième étage, que nous avons pu remplir d'une fumée intense, en y faisant brûler une certaine quantité de foin imbibé d'eau. Nous avons fait agir la ventilation par pulsion, et la fumée a été chassée au bout de une heure vingt-cinq minutes. Nous avons fait une autre expérience, en employant la même quantité de foin pour obtenir à peu près la même quantité de fumée. Le ventilateur par appel a été mis en mouvement en donnant à la machine la vitesse qu'elle avait avant. Au bout de une heure vingt-cinq minutes, une partie de la fumée existait encore dans la salle. Cette expérience étant d'accord avec les précédentes, nous n'avons pas jugé nécessaire d'en attendre la fin. Toutes les croisées ont été ouvertes pour dissiper ce reste de fumée, et pour permettre aux malades de rentrer dans la salle.

« Nous avons essayé de voir comment avait lieu le renouvellement de l'atmosphère, et dans que ordre se faisait le départ des diverses couches d'air. Pour cela, nous avons cherché à appré-

cier les degrés de netteté que nous offraient des caractères d'im-
primerie regardés à la même distance, quand on les plaçait, en
se mettant soi-même à diverses hauteurs, dans les différentes
couches horizontales, depuis le parquet jusqu'au plafond. Ces
expériences ne comportent pas sans doute un grand degré de
précision ; je dois dire cependant qu'il nous a paru que les
couches supérieures contenaient moins de fumée que les infé-
rieures, tandis qu'avant de faire agir la ventilation, nous avions
observé le contraire. Ce fait s'explique parfaitement, en admettant, comme je l'ai dit, que la colonne d'air arrivant par la partie
centrale de la salle, gagne la partie supérieure où elle s'étend
en nappe, pour redescendre ensuite couches par couches, sous
l'influence de l'appel qui a lieu par le bas, ou sous celle des
nouvelles couches que le poêle fait toujours monter à la partie
supérieure.

« Toutes ces expériences réunies démontrent qu'un volume
d'air agissant par injection et entrant par la partie centrale d'une
salle, produit plus d'effet pour le renouvellement de l'atmosphère, qu'un égal volume d'air extrait par appel et venant, en
partie par le centre, en partie par les joints des croisées, ou
bien encore que la ventilation par injection est préférable à la
ventilation par appel.

« Le désavantage de ce dernier mode de ventilation ne dispa-
raîtrait que si l'on changeait complétement la disposition des
orifices d'entrée et de sortie ; si l'on faisait, par exemple, arriver
l'air neuf par les parties latérales, pour faire sortir l'air vicié par
la partie centrale de la salle. L'air qui entrerait alors par les
joints des croisées serait forcé de se mélanger à l'atmosphère
ambiante, et de suivre la même route que celui qui entrerait nor-
malement.

« La difficulté consisterait alors à faire disparaître les inconvénients qu'offrirait pour les malades le voisinage des orifices
d'entrée de l'air frais ou chaud. Cette difficulté me paraît difficile à vaincre, et je préfère la ventilation par injection. En hiver,

2

la ventilation par injection offre encore l'avantage de ne laisser entrer dans la salle que de l'air chaud (1). »

Nous ne voulons pas exagérer la valeur de ces expériences exécutées pourtant avec un soin consciencieux ; mais nous n'avons pas connaissance qu'elles aient été réfutées par d'autres expériences plus concluantes ; elles conservent donc, aux yeux des observateurs impartiaux, une force incontestable, et prouvent, jusqu'à preuve contraire, que les systèmes établis à Beaujon et à Lariboisière ne sont pas aussi inférieurs qu'on l'affirme, en ce qui touche l'évacuation de l'air vicié.

Faisons d'ailleurs remarquer, pour n'y plus revenir, que lorsque le rapporteur a voulu prouver la grande influence de l'action aspirante des canaux d'évacuation, dans le système de l'insufflation, il s'est placé dans les conditions les plus favorables. Nous voyons, en effet, par le tableau de la page 194, qu'il a procédé aux expériences sur lesquelles il s'appuie, lorsque la température extérieure était à 5° ou même 5°5, au-dessous de zéro. Or tout le monde sait que la température moyenne de l'hiver à Paris est d'environ 6° au-dessus de zéro. L'expérimentateur a donc choisi une température exceptionnelle, et il est aisé de comprendre qu'avec une différence de 23 à 25°, qui existait entre la température des

---

(1) *Etude du système de chauffage et de ventilation établi par le docteur Van-Hecke, dans l'un des pavillons de l'hôpital Beaujon,* page 32.

salles et celle du dehors, l'expérience ait pu donner des résultats très-différents de ceux qu'on aurait obtenus dans un temps moyen.

Encore un mot sur cette question.

Après s'être étendu sur son argument favori, le peu d'influence du ventilateur sur l'évacuation de l'air vicié, dans les pavillons n°s 2, 4 et 6 ventilés par insufflation, le rapporteur ajoute (page 184), qu'à l'inverse, dans les pavillons n°s 1, 3 et 5 ventilés par aspiration, la disposition des appareils et les proportions qui leur ont été données pouvant permettre en toute saison de maintenir, dans la cheminée générale, une température qui excède d'une quantité constante de 20 à 25°, par exemple, la température extérieure, la vitesse d'évacuation et par conséquent *le volume d'air vicié extrait des salles peut, en tout temps, rester le même.*

Le rapport de M. Trélat contient une réponse catégorique à cette prétention :

« Constatons, en premier lieu, dit M. Trélat, que le volume d'air mesuré dans la cheminée d'appel ou dans les canaux d'évacuation des lits *n'est pas toujours suffisant*, c'est-à-dire que le volume n'est pas *constamment* égal au cube minimum (60 mètres cubes par heure et par lit) que demande le programme. »

V

Le rapporteur recherche ensuite (page 185) l'influence de l'ouverture des portes et des fenêtres, dans les deux systèmes. S'appuyant sur les expériences de

MM. Trélat et H. Péligot, il prétend que l'ouverture d'une ou de plusieurs fenêtres dans le système de l'insufflation trouble, de la manière la plus grave, l'évacuation de l'air vicié, et constitue, pour ce système, un vice en quelque sorte irrémédiable. Au contraire, selon lui, dans le système de l'aspiration, l'ouverture des portes et des fenêtres, au lieu de troubler et de diminuer l'évacuation, tendrait à la régulariser pour tous les conduits, et augmenterait parfois le volume d'air vicié extrait des salles, dans une proportion supérieure au double de sa valeur première.

Constatons encore une fois que le rapporteur ne s'occupe ici que de l'évacuation de l'air et non pas de son arrivée, ce qui a pourtant quelque importance ; mais *la nature* se chargeant, comme il le dit, de remplacer, par de l'air quelconque, l'air chassé des salles, on comprend qu'il laisse ce détail dans l'ombre.

Quoi qu'il en soit, on va voir si les conclusions de MM. Trélat et H. Péligot justifient aussi complétement ses allégations :

« De cette série d'expériences (sur le système de l'insufflation), on peut conclure, disent MM. Trélat et H. Péligot, dans leur rapport, que l'ouverture des portes et des fenêtres dans les salles a une grande influence sur la quantité d'air évacué ; mais que, *relativement à l'air introduit*, l'ouverture des portes et des fenêtres n'a aucune action sur son admission dans les salles.

« On peut conclure aussi que, dans un même pavillon, l'ouverture d'une ou plusieurs fenêtres à l'un des étages, n'influe en aucune façon sur le volume d'air sortant par les orifices des autres étages.

Enfin, si l'on ouvre plusieurs fenêtres des deux côtés d'une salle, la sortie de l'air n'a plus lieu d'une manière régulière par les canaux d'évacuation : il y a des arrêts et même des retours d'air. Il est en effet facile de comprendre que si la totalité des fenêtres ouvertes donne une surface beaucoup plus considérable que celle formée par les ouvertures des canaux d'évacuation, l'air, s'échappant plus facilement par les plus grandes baies qui lui sont offertes, détermine des courants qui peuvent créer des appels latéraux alimentés par les bouches d'évacuation voisines. *Il peut y avoir alors retour d'air par les canaux d'évacuation, mais ce cas est excessivement rare.*

Du reste, l'ouverture isolée d'une porte ou d'une fenêtre n'a pas grand inconvénient. *Il importe peu, en effet, que l'air vicié s'en aille par une ouverture ou par une autre, pourvu qu'il s'en aille vicié, et pourvu surtout qu'il soit remplacé en quantité suffisante par de l'air neuf.*

Si l'ouverture isolée d'une porte ou d'une fenêtre, ce qui est le cas le plus admissible, a peu d'inconvénient, pourquoi se placer, comme le fait le rapporteur de la Commission d'hygiène, dans l'hypothèse exceptionnelle de l'ouverture d'un assez grand nombre de baies ? D'ailleurs, si l'état de la température extérieure permet d'ouvrir généralement les fenêtres, on peut se dispenser de faire fonctionner l'appareil, puisqu'une aération suffisante des salles serait alors assurée.

Sur cette même question de l'influence de l'ouverture des fenêtres et des portes dans le système de l'insufflation, M. Grassi s'exprime ainsi à son tour :

« Ces expériences prouvent, d'une manière bien évidente, que l'air qui est dans les canaux ne revient pas en arrière pour rentrer dans la salle, quand on ouvre une ou plusieurs croisées ;

le volume d'air qui s'échappe alors par les canaux est moindre que lorsque les croisées sont fermées, mais il est encore très-considérable, et la ventilation n'est que peu troublée. Pour quatre croisées ouvertes dans les circonstances les plus défavorables, le volume d'air qui passe par un canal est encore les 0,71 de celui qui passait avant l'ouverture (1). »

Ces citations, pour tout lecteur attentif, contredisent les assertions du rapport, et établissent péremptoirement que les observateurs auxquels nous les empruntons n'ont pas regardé l'évacuation de l'air, dans le système de l'insufflation, comme présentant les inconvénients qu'on s'est plu à signaler.

Voyons maintenant comment s'expriment MM. Trélat et Grassi, au sujet de l'influence de l'ouverture des portes et des fenêtres, dans l'autre système, celui de l'aspiration. Ici, encore, ils diffèrent tout à fait d'opinion avec M. le rapporteur de la Commission d'hygiène :

« Ainsi, est-il dit dans le rapport de MM. Trélat et H. Péligot (système de l'aspiration), *l'ouverture d'une porte a une grande influence sur la ventilation*, puisque, dans ce cas, le volume d'air évacué par les orifices de sortie est presque double du volume évacué toutes portes fermées. Il faut donc, bien plus que dans le système précédent, ouvrir les portes le plus rarement possible, l'air qui s'introduit dans ces ouvertures ne pouvant être aussi pur que celui que puisent les poêles dans l'atmosphère.

« L'ouverture d'une fenêtre dans une salle augmente sensi-

_____

(1) *Etude comparative des deux systèmes de chauffage et de ventilation établis à l'hôpital Lariboisière*, page 63.

blement la quantité d'air qui s'échappe par les orifices des lits ;
mais, si on ouvre deux ou même quatre fenêtres, soit à côté les
unes des autres, soit en face, le volume d'air n'augmente pas
proportionnellement au nombre d'ouvertures, mais reste au contraire à très-peu près constamment le même.

« Quant à l'admission de l'air par les poêles, l'ouverture d'une
ou deux fenêtres a une grande influence sur les cubes introduits.
*Le volume admis diminue dans une notable proportion, lors de
l'ouverture d'une fenêtre* (17.11 0/0).

« C'est là un inconvénient grave, *particulier au système,* car
l'air qui est introduit par les poêles sert à échauffer la salle en
même temps qu'à la ventiler, et en admettant même que l'air qui
s'introduit par les fenêtres serve utilement à la ventilation, il
est évident que, d'un autre côté, il ne peut servir au chauffage
et qu'il refroidit au contraire l'air de la salle. »

M. Grassi a exprimé à ce sujet une opinion absolument concordante avec celle de MM. Trélat et Péligot.

« On voit donc que l'ouverture des portes et des fenêtres exerce
une grande influence sur le tirage des canaux d'évacuation ; l'influence d'une croisée se fait même sentir dans toute l'étendue de
la salle, car le débit est augmenté, même dans les canaux les
plus éloignés de l'ouverture.

. . . .
. . . .

« L'ouverture de deux croisées exerce, comme on pouvait le
prévoir, une grande influence sur l'entrée de l'air par les poêles ;
le volume d'air se trouve diminué de plus d'un sixième (1) ».

_____

(1) *Étude comparative des deux systèmes de chauffage et de ventilation établis à l'hôpital Lariboisière,* page 39.

VI

On a reproché, avec raison, au système de ventilation par appel, d'introduire, par les joints des fenêtres, plus de la moitié de l'air de ventilation. A l'inconvénient de ces rentrées d'air froid, on peut ajouter celui non moins sérieux de tirer des escaliers et même des faces latérales où sont établies les prises d'air (si l'une des fenêtres est ouverte) un air plus ou moins vicié. Les expériences suivies à Lariboisière par MM. Trélat et H. Péligot, et par M. Grassi, ont mis ce grave défaut hors de doute.

M. Grassi l'a fait ressortir d'une manière très-nette, dans son étude sur le chauffage et la ventilation de l'hôpital Beaujon :

« D'après les expériences nombreuses que j'ai faites, dit-il, sur le système par appel établi à l'hôpital Lariboisière, j'ai été conduit à formuler un reproche capital que je résumais ainsi :

« Lorsqu'on mesure simultanément l'air qui entre par les poêles à la partie centrale de la salle, et celui qui sort par la cheminée d'appel, on constate que, pour un débit de 80 mètres cubes par la cheminée, le volume d'air entrant par les poêles n'atteint pas 40 mètres cubes ; de sorte que plus de la moitié de l'air débité par la cheminée est entré dans les salles par les joints des croisées. Cet air qui entre ainsi accidentellement par les croisées, au voisinage des canaux d'évacuation, est attiré par eux, s'y rend directement sans se mélanger à l'air de la salle et sans ventiler efficacement. De telle sorte que, lorsque d'après le débit de la cheminée, on croit avoir une ventilation de 80 mètres cubes par heure et par malade, on n'a réellement qu'une ventilation utile qui n'atteint pas 40 mètres cubes.

« Dans le système de ventilation que M. Van-Hecke a établi à Beaujon, il a évité en grande partie ce grave défaut ; c'est ce que prouvent les expériences précédentes. Si l'on compare en effet les volumes d'air entrant dans les salles avec ceux qui en sortent par les canaux d'évacuation, on voit que les différences ne sont pas très-grandes et n'atteignent jamais, à beaucoup près, celles qui se présentent dans le système établi à Lariboisière. Il résulte de là, que la plus grande partie de l'air débité par la cheminée d'appel de M. Van-Hecke produit un effet utile. J'ai fait une expérience destinée à montrer le trajet que suit l'air qui entre par les joints des croisées pendant la ventilation par appel.

« J'ai percé un trou au châssis de l'une des croisées de l'angle de la salle, voisine par conséquent d'un canal d'évacuation. A l'intérieur de la salle, j'ai placé des bandes de papier imprégnées d'acétate de plomb, en les disposant à diverses distances dans deux directions : l'une perpendiculaire au plan de la croisée, l'autre allant obliquement du trou au canal d'évacuation. Cela fait, je me suis placé en dehors de la salle, et j'ai produit, au-devant du trou du châssis de la croisée un dégagement d'hydrogène sulfuré. Une partie de ce gaz pénétrait par le trou, dans la salle où l'attirait la ventilation par appel. Après quelques minutes, l'expérience a été arrêtée, et en examinant alors les bandelettes de papier, j'ai reconnu que la coloration du sel de plomb avait atteint les bandes situées dans la direction de la bouche d'appel, à une distance beaucoup plus grande que celles qui étaient sur la ligne perpendiculaire au plan de la croisée. — Puisque l'air qui pénètre par les joints des croisées se dirige en grande partie et presque immédiatement vers le canal d'évacuation, il n'est pas difficile de comprendre pourquoi il ne produit pas d'effet utile (1). »

---

(1) *Étude du système de chauffage et de ventilation établi à Beaujon*, page 28.

L'expérience ingénieuse de M. Grassi ne peut laisser aucun doute sur l'absence d'effet utile de l'air introduit autrement que par les poêles, dans le système de l'aspiration. Mais voici comment M. le rapporteur répond à ce reproche (page 186) :

« L'on reproche, et souvent non sans raison, aux ventilations qui procèdent par aspiration, de déterminer, par la rentrée de l'air, des courants fort désagréables.

« Toutes les personnes qui ont assisté aux soirées du château des Tuileries, à celles de l'Hôtel-de-Ville, où l'évacuation de l'air chaud et vicié se fait par les plafonds, à travers les rosaces ménagées au-dessus des lustres, ont dû, en effet, observer l'intensité des courants qui se produisent par les portes pour remplacer l'air évacué par les orifices supérieurs. Des effets analogues et aussi gênants s'observent dans tous les théâtres ventilés par des dispositions semblables.

« Mais ces effets désagréables ne proviennent que de l'absence de dispositions convenables, pour assurer la rentrée de l'air, de telle façon qu'il afflue le plus loin possible des personnes, avec une faible vitesse et une température peu différente de celle que l'on veut maintenir dans les salles.

« A ces dispositions toujours faciles à prendre lors de la construction des édifices, il faut en joindre d'autres qui consistent à chauffer tous les abords des salles, les vestibules, les escaliers, les antichambres qui y conduisent, à munir les entrées de doubles portes tombant d'elles-mêmes, de façon qu'à chaque ouverture de l'une d'elles, il n'entre dans les salles qu'un petit volume d'air, à une température égale ou même un peu supérieure à celle de la salle. »

On cherche en vain, dans cette justification du système de l'aspiration, une réponse au reproche d'admettre une grande quantité d'air froid par les joints des fenêtres. Assurément les précautions de chauffage que l'on conseille pour les vestibules et les escaliers ne sont pas applicables au cas de cette introduction d'air anormale. Il eût été opportun pourtant de montrer comment ce vice radical pourrait être évité. Les moyens indiqués par le rapporteur, en ce qui touche les escaliers, ne remédieraient qu'à l'inconvénient d'introduire de l'air froid. Mais l'atmosphère des escaliers, sans cesse en communication avec celle des salles, n'est pas complétement pure, et ce n'est pas cet air qu'il conviendrait d'appeler. Si d'ailleurs, comme le rapporteur s'est plu à le prévoir, l'on ouvre une fenêtre, comment empêchera-t-il l'air vicié sortant par cet orifice de se précipiter dans la prise d'air disposée au-dessus pour l'admission de l'air neuf.

Le vice très-grave imputé au système par appel et qui consiste à introduire, en quantité considérable, d'abord par les joints des fenêtres, de l'air froid qui ne sert point à la ventilation normale et ne peut qu'incommoder les malades, ensuite, par les portes des escaliers ou accidentellement par les prises d'air, de l'air déjà vicié, subsiste donc tout entier.

VII

Ce qui a été dit plus haut réfute l'assertion contenue au rapport (page 189), et d'après laquelle, dans le système de l'aspiration, la ventilation d'hiver serait assurée, quant à la rentrée de l'air nouveau, aussi bien que pour l'évacuation.

Pour expliquer un résultat aussi favorable, il faut dire qu'il a été obtenu par une température extérieure de 5° et 2° au-dessous de zéro ; il eût été bien différent, si, au lieu de choisir une température exceptionnelle, on eût opéré par une température moyenne de 5 à 6° au-dessus de zéro, qui est celle de l'hiver à Paris.

VIII

La question de l'introduction de l'air est un point très-défectueux dans le système de l'aspiration. Le rapport ne l'a abordé (page 190) que pour atténuer les conclusions contraires de MM. Trélat et H. Péligot et de M. Grassi, en prétendant que les différences constatées dans l'arrivée de l'air par les poêles indiqueraient dans les conduits d'évacuation, « des défauts de proportion, des obstructions partielles qui ne sauraient être imputés au principe même du système. »

C'est là une pure supposition. On remarque, en effet, surtout dans un tableau fourni par les *Études sur la ventilation*, des anomalies dans les volumes d'air qui entrent par les poêles ; elles peuvent résulter de bien des circonstances que MM. Trélat et Péligot, observateurs pourtant très-consciencieux, n'ont pas cru devoir préciser. Il nous paraît donc prudent de s'en tenir à leur réserve, et de ne point chercher à expliquer ces anomalies par des suppositions non vérifiées. Pourquoi d'ailleurs admettre sans preuve, dans le système de l'aspiration, des défauts de proportion ou des obstructions partielles qui ne se rencontreraient pas dans le développement plus considérable des conduits appartenant au système de l'insufflation ?

Voici ce que disent MM. Trélat et H. Péligot sur cette question de l'introduction de l'air dans le système de l'aspiration :

« Examinons la proportion d'air amené par les poêles dans les salles. Ce cube, de moitié au plus, quelquefois même à peine du tiers du cube total évacué, représente, et représente seul l'air neuf amené dans la salle par la ventilation. On ne peut, en effet, considérer comme air neuf l'air qui s'introduit par les fissures des portes et des fenêtres, car il est à peu près certain que, conformément à l'opinion de M. Grassi, *cet air, après s'être introduit, ne se répand pas dans la salle, mais est immédiatement appelé et rejeté au dehors par les canaux d'évacuation. Il ne peut donc servir utilement à la ventilation de la salle.*

« Admettons d'ailleurs qu'il serve à cette ventilation. Quelle sera son utilité ? L'air de ventilation doit être de l'air chaud aussi bien que de l'air pur. Or, si l'air venant par les fissures se répandait dans la salle, *ce ne serait qu'après avoir passé autour des malades qu'il refroidirait, ce qui présenterait un inconvénient très-grave.* Il est donc préférable, à tout prendre, que cet air s'en aille immédiatement dans la cheminée d'appel, sans servir à la ventilation.

« D'ailleurs les poêles seuls, ici, fournissent de l'air de ventilation. Il n'y a pas, comme dans le précédent système, de caniveau, dont les fissures laissent échapper un volume d'air considérable.

« Enfin, l'air le plus pur admis dans ce système, est loin d'être aussi pur que l'air envoyé par le ventilateur, puisque celui-ci le puise dans la partie la plus élevée de l'atmosphère, tandis que, dans l'autre cas, l'air est pris au niveau des salles ».

M. Grassi ne se prononce pas moins positivement dans le même sens :

« Si nous cherchons maintenant (système de l'aspiration) à analyser les résultats des diverses expériences faites sur ce système de ventilation, nous dirons :

« VENTILATION SANS CHAUFFAGE. — Dans ces circonstances, la moyenne de l'air entrant par les poêles est de 21 mc.6 par malade et par heure ; le volume d'air qui entre accidentellement par les joints des portes et des fenêtres, est beaucoup plus considérable, car il est de 52 mc.4 ; enfin, celui qui sort par la cheminée d'appel, correspond à 82 mc.8 par heure et par malade.

« VENTILATION AVEC CHAUFFAGE. — Le volume d'air entrant par les poêles étant de 35 mc.0 par heure et par malade, celui qui entre accidentellement par les portes et fenêtres est encore plus grand, puisqu'il est de 47 mc.2, et celui qui sort par la cheminée d'appel est de 97 mc.5.

« La quantité d'air qui entre par les poêles est donc toujours plus faible que celle qui entre accidentellement.

« *En présence de ces faits, je n'hésite pas à dire que ces conditions de ventilation sont mauvaises.*

« L'air qui entre accidentellement par les portes et les fenêtres, quoiqu'on en ait dit, ne ventile pas utilement ; entrant à peu de distance des orifices de sortie, il est appelé par eux, et leur arrive directement sans se mélanger à l'air de la salle ; *il passe ainsi près de la tête des malades, qu'il entoure de courants d'air froid.* Cet air, ainsi pris indistinctement dans les cours et dans les corridors, peut ne pas être pur. Voici un fait que j'ai constaté un jour avec plusiuers personnes de l'hôpital : la porte de la salle de bains des femmes avait été laissée ouverte par mégarde; l'air qui en sortait, accompagné d'un nuage de vapeur aqueuse, était attiré par le pavillon voisin, et venait s'y rendre avec toute son humidité (1). »

On ne saurait, d'après ces développements, exonérer le système de l'aspiration des reproches qui lui sont adressés, relativement à l'introduction de l'air nouveau. Cependant M. le rapporteur prétend (page 190) que c'est à tort qu'on a conclu des résultats particuliers obtenus à Lariboisière, que le système de l'appel n'assurait pas convenablement la rentrée de l'air nouveau, « tandis que l'ensemble de ces mêmes observations *devait porter seulement à conclure* que certaines proportions des appareils, certaines dispositions étaient insuffisantes ou défectueuses, et qu'en les modifiant, on arriverait à des résultats *satisfaisants en tout temps*. »

Il est permis d'en douter; sans doute l'agrandissement des conduits et des orifices d'introduction de l'air favoriserait, dans une certaine mesure, cette introduction, et le rapport entre le volume entrant par les poêles et celui qui s'introduit par les fenêtres pourrait augmenter; mais ces *carneaux spéciaux*, toujours plus ou moins longs, présentent des résistances que l'air n'éprouve pas au même degré en traversant les joints des portes et des fenêtres, et, quelles que soient

---

(1) *Etude comparative des deux systèmes de chauffage et de ventilation établis à l'hôpital Lariboisière*, page 41.

les sections qu'on leur donne, il entrera toujours une proportion notable d'air par d'autres voies que par les orifices disposés pour cet usage.

IX

On vient de voir avec quelle promptitude le rapport tranche, par une simple supposition, une question au moins très-douteuse. Ce n'est pas avec une moindre assurance qu'il déclare l'impossibilité de remédier, dans le système de l'insufflation, à un défaut qu'il est facile de faire disparaître. Après avoir fait remarquer que l'air qui, à Lariboisière, pour la ventilation des pavillons n°s 2, 4 et 6, est pris à une certaine hauteur afin de l'obtenir plus pur, n'a pas cette qualité, il dit (page 191) pour justifier cette assertion, « qu'il est *impossible* d'empêcher qu'une partie de l'air aspiré par le ventilateur ne lui soit fourni par les pièces voisines de la chambre qui le contient, même quand les portes sont fermées, et à plus forte raison quand elles sont ouvertes. »

Or rien n'est plus facile que de réaliser ce qui est déclaré ici *impossible*: il suffit pour cela de construire un conduit spécial prenant l'air à l'extérieur et l'amenant directement aux orifices du ventilateur. A Lariboisière, il suffira de relier la cheminée d'appel du clocher à ces orifices par un conduit de quelques mètres. Ce travail très-simple, dont le projet existe depuis plusieurs mois, fait partie d'un ensemble d'ouvrages qui vont être exécutés dans cet hôpital.

X

Le rapport (page 192) n'hésite pas à affirmer que l'air puisé à une hauteur de 25 mètres n'est pas plus frais, quoiqu'on ait prétendu, que celui qui serait pris à quelques mètres seulement du sol.

L'échauffement de l'air dépend d'une foule de circonstances que nous n'avons pas à déterminer ici. La différence constatée dans le travail de MM. Trélat et H. Péligot tenait évidemment à ce que, selon l'observation faite, l'air aspiré passait sur les machines à vapeur, ce qu'il est facile d'éviter. Il est probable d'ailleurs que l'air amené ainsi par insufflation était moins chaud que l'air pris, comme dans le système de l'aspiration, sur les surfaces des bâtiments chauffées, à certaines heures de la journée, par les rayons solaires.

Mais, en dehors de cette question de la température de l'air puisé à une certaine hauteur, on ne saurait nier que l'air obtenu dans le système de l'insufflation ne soit plus pur et ne procure par conséquent une ventilation complétement hygiénique.

Au surplus, avec quelques modifications peu importantes que nous avons indiquées, il est facile, par les moyens mécaniques, de se procurer de l'air pur non échauffé.

3

Cela serait-il aussi aisément praticable que le pense le rapporteur, dans le système de l'aspiration? Il cite l'exemple des mines, et de l'hôpital de Guy, à Londres. Mais, dans les mines, les cheminées ont 200, 300 mètres de hauteur et même au delà. A l'hôpital de Guy, la cheminée d'aspiration a 120 pieds (36^m588) de hauteur, et la cheminée d'évacuation 215 pieds (65^m553) (c'est la hauteur des tours de Notre-Dame); le tout avec d'énormes sections. Le rapporteur conseille-t-il de construire des appendices aussi coûteux et d'un aspect aussi désagréable pour orner nos établissements?

Examinons d'ailleurs si l'expérience faite à l'hôpital de Guy a donné des résultats qui doivent en recommander l'application. Ici, nous nous bornerons à donner quelques extraits de notes ou de lettres qui nous ont été adressées, tant par un médecin anglais attaché à l'un des hôpitaux de Londres et qui est l'un des auteurs d'un beau travail sur les hôpitaux du Royaume-Uni, que par le Dr Steele, surintendant de l'hôpital de Guy, et une dame fort éclairée qui a la surveillance des divers services de cet établissement.

« Le nouveau bâtiment de l'hôpital de Guy, où l'on rencontre le premier essai de ventilation artificielle en Angleterre, est un massif rectangulaire isolé, terminé à une de ses extrémités par une sorte de tour carrée qui contient les appareils de chauffage et d'appel.

« Ce bâtiment contient 150 lits et un pavillon semblable doit être construit en prolongement, de façon que la tour carrée soit le centre du système.

« Les appareils de chauffage et de ventilation combinés ont

donc été construits pour 300 lits ; ils doivent donner de 110 à 120 mètres cubes d'air chaud, par heure et par malade. Dans les chaleurs de l'été, ils ne sont d'aucun usage pour assurer la fraîcheur des salles, et on a recours aux fenêtres pour la ventilation.

« En toute saison, du reste, autant à cause de la dépense considérable de combustible que par suite du peu de confiance qu'inspire la ventilation artificielle, les appareils construits à tant de frais ne fonctionnent qu'à demi, et une partie de la ventilation se fait par les fenêtres,

« Les 150 lits de ce nouveau bâtiment sont consacrés à la médecine ; les vieux bâtiments où les fenêtres sont tenues constamment ouvertes, sont réservés à la chirurgie.

« Miss Loag déclare que, eu égard à la différence entre les cas traités dans les anciens et les nouveaux bâtiments, les résultats sont défavorables à ceux-ci.

———

« 1° Quelle est la hauteur des cheminées au-dessus du sol ?

« La cheminée d'aspiration a 120 pieds et celle de sortie a 215 pieds.

« 2° Combien l'appareil dessert-il de salles et de lits ?

« Trois salles contenant chacune 50 lits ; en outre, l'appareil est disposé pour ventiler plusieurs grandes chambres qui reçoivent 3 à 400 personnes par jour, ainsi que deux dortoirs capables de contenir 60 garde-malades.

« 3° Dans ce système par aspiration, l'air étant tiré d'une certaine hauteur, l'appel doit être puissant. N'en résulte-t-il pas des courants d'air nuisibles aux malades ?

« La force du courant d'air qui passe à travers le tuyau ventilateur est rarement très-puissante ; en conséquence, il y a peu de plaintes relatives à une influence fâcheuse sur les malades, ce courant, du reste, se trouvant considérablement affaibli par sa subdivision à travers les nombreuses ouvertures pratiquées dans les murs. Il arrive cependant quelquefois, dans les jours d'ouragan, que les courants d'air ont un effet nuisible sur les malades qui occupent les lits placés immédiatement sous les ouvertures, et qui sont incommodés de la poussière, du sable et de la suie introduits dans les tuyaux et qui font alors irruption dans les salles sous l'influence des grands vents.

« 4° Quand l'appareil fonctionne, les fenêtres sont-elles ouvertes?

« Oui. — M. Sylvester, l'ingénieur, mort depuis, et l'auteur du système, prétendait que son action devait être entièrement indépendante des fenêtres ouvertes (1); mais son successeur, M. Rosser (2), conseille d'ouvrir ou de fermer les fenêtres, suivant les besoins.

« Je dois ajouter qu'on attache peu d'importance à ce que l'appareil fonctionne ou non, et que, dans l'été, les fenêtres sont toujours ouvertes, et occasionnellement aussi en hiver, sans que l'on se préoccupe du système de ventilation artificielle.

« Sans aucun doute, toutefois, l'ouverture des fenêtres influe sur l'entrée et la sortie des courants d'air et en diminue la vitesse.

« 5° L'appareil fonctionne-t-il toujours?

« Il devrait, en règle générale, fonctionner constamment; en réalité, il fonctionne plus complétement en hiver qu'en été.

« 6° Combien donne-t-il d'air par lit et par heure?

« Il est impossible d'arriver à une donnée approximative de quelque valeur concernant cette matière, et aucune expérience

---

(1) M. Duvoir recommandait aussi de ne jamais ouvrir une ou plusieurs fenêtres, prétendant que le système devait s'en trouver complétement troublé. Ces recommandations ou plutôt ces défenses ont été formulées deux fois en notre présence, à Necker et à Lariboisière.

(2) C'est de ce mécanicien qu'émanent les renseignements fournis à l'auteur des *Études sur la ventilation*.

d'un caractère décisif n'a été faite dans ce sens. Il y a quelques années, M. Rosser, le mécanicien, intéressé au succès de l'appareil, fit quelques observations pour déterminer l'étendue et la force des courants atmosphériques.

« La conclusion qu'il en tira, avec des données fort incertaines, fut que la portion d'air arrivant à chaque lit se montait à 4,000 pieds cubes par heure.

« 7° Se sert-on de l'appareil en été pour amener de l'air frais ?

« Oui, mais l'air ainsi introduit n'est rafraîchi par aucun procédé de réfrigération ; il peut être cependant amené à quelques degrés au-dessous de la température extérieure ou de celle des salles, par suite de son passage dans les caves ou chambres qui se trouvent sous les bâtiments.

« 8° Quels sont les avantages et les désavantages du système ?

« Le principal, et je pense le seul avantage attaché au fonctionnement de l'appareil, est que, nous fournissant une quantité suffisante d'air échauffé tiré d'une certaine hauteur, il nous permet, au moyen de foyers ouverts, de maintenir une température égale et agréable et descendant rarement au-dessous de 60° (Fahrenheit), même pendant les plus grands froids.

« Les désavantages que l'on oppose sont que l'air ainsi introduit est sec et irritant, parce qu'il a passé sur une série de tuyaux d'eau chaude où il a perdu toute la vapeur dont il est ordinairement chargé, et que le système, abandonné à lui-même, est insuffisant à procurer une bonne ventilation, puisqu'on est obligé d'introduire de l'air frais par des fenêtres qui n'avaient pas été destinées à cet usage, et par des carreaux mobiles ou des ventilateurs à travers les murs ; moyens qui, du reste, ont obvié à l'inconvénient.

« 9° Quelle est l'opinion des autorités médicales ?

« Premièrement, les médecins attachent peu d'importance au travail ou au repos de l'appareil ; ils préfèreraient certainement que les salles fussent chauffées seulement au moyen de foyers ouverts, ce qui est malheureusement impossible à réaliser en temps froid, attendu qu'aucune disposition n'a été prise pour séparer la ventilation du sous-sol et des dortoirs de celle des salles de malades qui seules ont des cheminées.

« 10° L'appareil, c'est-à-dire l'entrée et la sortie de l'air des salles, par le moyen des tuyaux à air et à fumée, est continuellement en action dans un degré plus ou moins fort dépendant de la force de l'air extérieur et de la vivacité de la combustion dans les foyers attenant aux deux chaudières employées séparément à chauffer l'air et l'eau nécessaires aux salles.

« Le premier des appareils, prenant l'air au dehors et l'envoyant dans les salles après l'avoir échauffé, fonctionne tous les jours, en hiver ; mais l'autre, destiné à aspirer l'air vicié des salles, ne fonctionne que trois fois par semaine ; de telle sorte que quatre jours par semaine, c'est-à-dire pendant plus de la moitié de l'année, aucun moyen artificiel n'est employé pour ventiler les salles par raréfaction.

« M. Rosser, l'ingénieur, dit que, pour que son système fût mis à même de donner de bons résultats, il faudrait qu'un, au moins, des deux foyers fût constamment allumé. Si l'expérience eût montré que le système eût une valeur réelle, on se serait, sans aucun doute, conformé à ce désir ; mais le bénéfice en résultant était tellement imperceptible, que c'était dépenser du temps et de l'argent en pure perte que d'en continuer l'usage simplement pour aider la ventilation. La dépense était d'ailleurs insignifiante ; mais le système tout entier a été renversé par la nécessité d'ouvrir les fenêtres.

« Je ne puis être que l'écho des renseignements ci-dessus, qui contiennent d'ailleurs l'expression fidèle de l'opinion des hommes compétents, médecins de l'établissement, qui sont unanimes à dire que tout le système est renversé, par l'obligation où l'on s'est vu de donner cours à la ventilation naturelle. »

Après ces renseignements, n'est-il pas permis de concevoir des doutes sur la complète efficacité des moyens employés pour la ventilation de l'hôpital de Guy, et d'hésiter, au point de vue même de l'intérêt des malades comme au point de vue de la dépense, à renouveler une expérience qui paraît avoir eu peu de succès? Aussi doit-on s'étonner de la hardiesse de la conclusion du rapport, qui s'appuie sur cet exemple, et où il est résolûment déclaré (page 195) que, « l'introduction de l'air neuf en quantité déterminée et la prise de cet air, *à telle hauteur qu'on le juge convenable*, peuvent, au moyen de bonnes dispositions, être aussi bien assurées par les appareils qui procèdent par aspiration, que par les moyens mécaniques. »

XI

Le rapporteur veut bien reconnaître (page 192) que l'action d'un bon ventilateur est certainement un moyen de faire arriver, dans un lieu déterminé, un volume d'air parfois considérable. Mais il ajoute que l'existence *inévitable* de joints *nombreux*, et surtout la porosité des maçonneries, permettent à l'air, légèrement comprimé dans les conduits, de s'échapper à l'extérieur, et qu'il arrive même parfois *qu'il n'en parvient presque point à leur extrémité*.

M. le rapporteur pense-t-il sérieusement que l'art de la construction soit assez arriéré pour ne pas permettre de conduire l'air en volume considérable à d'assez grandes distances, 100 ou 200 mètres, et même au delà? Certainement il se fait des pertes, mais ont-elles l'importance qu'il leur attribue ? L'exemple des conduites amenant l'air aux hauts fourneaux des fonderies est là pour prouver qu'on peut, sans pertes trop sensibles, faire circuler l'air dans les conduites, à des pressions beaucoup plus grandes qu'il n'est nécessaire pour la ventilation des hôpitaux.

L'exemple cité du tuyau de Wilkinson, qui perdait sur son parcours tout l'air qu'on lançait à son orifice, ne prouve qu'une chose, c'est que ce tuyau était très-mal construit.

Mais appliquons le reproche au système d'insufflation établi à Lariboisière, et voyons s'il est fondé.

Depuis la prise d'air jusqu'à l'entrée de chaque salle, l'air refoulé par le ventilateur est reçu dans des tuyaux de métal, et l'on admettra sans doute que, s'il se fait une perte d'air par ces conduits, elle doive être peu considérable, à moins qu'ils n'aient été mal établis. Mais, dans l'axe de la salle, entre chaque poêle, l'air arrive par des caniveaux en maçonnerie recouverts d'une plaque de fonte, et c'est dans cette partie du parcours qu'il peut se faire des pertes plus notables. Il est aisé de comprendre, en effet, même sans admettre l'existence de fissures nombreuses dans la maçonnerie, que les joints des plaques, la porosité ou même les dégradations des parois du caniveau, les trous de clés et la partie mobile des soubassements des poêles, permettent à une certaine quantité d'air de s'échapper. Mais cet air, soit qu'il passe par les joints des plaques, soit

que, traversant le caniveau, il s'introduise sous les
parquets, est chauffé, et il rentre toujours pour une
grande partie dans la salle, en contribuant à sa ventilation.

Il est regrettable sans doute que l'on n'ait pas cherché à se rendre compte exactement de la manière dont
ces pertes d'air se produisaient; mais ce point a-t-il
réellement l'importance que lui attribuent les adversaires du système de l'insufflation. Assurément il n'est
pas impossible d'employer, pour conduire l'air jusqu'à
la sortie des poëles, des tuyaux assez bien établis pour
supprimer presque complétement les pertes. On peut
d'ailleurs, au moyen d'un ventilateur énergique, en-
voyer, dans les salles, un volume de 100, 150 et même
200 mètres par heure et par lit. Qu'importe donc qu'il
se fasse sur de telles quantités une certaine perte? On
pourra toujours amener dans les salles des volumes
bien supérieurs à ceux qui sont considérés aujourd'hui
comme nécessaires pour procurer une ventilation hygiénique.

XII

Le rapport, qui revendique pour le système de l'appel toutes les supériorités, prétend aussi (page 196) à
l'avantage du bon marché.

Voici l'évaluation des dépenses annuelles d'après les divers expérimentateurs :

PRIX DE LA VENTILATION ANNUELLE A RAISON DE 1 mc PAR HEURE ET PAR LIT.		
	SYSTÈME par INSUFFLATION.	SYSTÈME par ASPIRATION.
	fr. c.	fr. c.
D'après M. Trélat..................	1 81	3 67
D'après \Appareils Thomas et Laurens M. Grassi,/Appareils Van-Hecke.......	1 76 0 61	3 36 »
D'après le rapport en discussion......	2 43	1 43

Les différences qu'on remarque dans ce tableau sont considérables; il serait trop long d'entreprendre de les expliquer ici ; mais, pour dégager tous les éléments dont il faut tenir compte dans le calcul, et discerner de quel côté est la vérité, il faut recourir aux travaux si parfaitement étudiés de MM. Grassi et Trélat. Il nous suffira de dire, pour faire ressortir l'une des causes principales de cette différence, que, dans l'évaluation du prix de revient du mètre cube d'air, le rapporteur de la Commission d'hygiène, compte, non pas seulement l'air de ventilation qui entre par les poêles, mais *tout le volume de l'air évacué,* ce qui comprend l'air entrant par les portes et par les joints des fenêtres.

A l'égard de la dépense de premier établissement, on

ne saurait tirer argument de son élévation plus ou moins grande dans l'un et l'autre systèmes, car il serait facile, surtout pour les hôpitaux à construire, de réaliser de notables économies.

Ainsi, dans le système du chauffage à vapeur avec ventilation par insufflation, on a, par une prudence excessive, multiplié les appareils placés dans les salles, et il est établi aujourd'hui que, même dans les grands froids, on n'emploie que la moitié de ces appareils, bien que l'on puisse obtenir, avec la plus grande facilité, une température de 20°.

Il n'est point douteux qu'il ne soit possible désormais, en profitant de l'expérience acquise, c'est-à-dire en préparant tous les emplacements et tous les conduits, et en employant des dispositifs plus simples, de réduire des deux tiers la dépense d'installation des appareils du système par insufflation. A cet égard, ce dernier système est en droit de réclamer quelque indulgence, car il en est encore à sa première application dans l'établissement où il fonctionne, tandis que le système Duvoir a été appliqué trois fois, en 1847, en 1852 et en 1854.

XIII

Arrivé au terme de son travail, le rapport propose des conclusions entièrement favorables au système de la ventilation par appel, et directement contraires au système de l'insufflation; ces conclusions très-logiques ne sont que la conséquence du principe proclamé en commençant: « Le but principal de la ventilation hygiénique est l'extraction de l'air vicié. »

Le dernier paragraphe des sept conclusions ainsi formulées se termine, il est vrai, par une concession :

« Dans les cas, dit le rapport, *où l'on serait obligé* de recourir aux moyens mécaniques d'insufflation, il conviendrait d'y ajouter l'action d'une aspiration énergique. »

Mais le cas prévu d'une contrainte, en ce qui touche l'établissement de la ventilation par insufflation, ne se présentera jamais pour aucune administration hospitalière; on ne saurait d'ailleurs supposer qu'il en existât une disposée à profiter de la concession, si les motifs développés dans le rapport l'avaient convaincue.

Les observations que nous avons présentées ou du moins les citations que nous avons faites ont réfuté et détruit, nous l'espérons du moins, une grande partie des arguments du rapport. Le lecteur retrouvera, au surplus, le résumé des arguments qui précèdent dans les conclusions de M. Grassi et de MM. Trélat et Péligot, que nous reproduisons ci-après. On verra que ces observateurs, après de longues et minutieuses expériences, expriment une opinion absolument en désaccord avec les résolutions proposées à l'acceptation du Comité :

CONCLUSIONS DE M. GRASSI.

« VENTILATION.—La ventilation par appel ne fait entrer par les poêles, d'après mes expériences, qu'une quantité d'air bien inférieure à 60 mètres cubes par heure et par malade. La différence n'est compensée que par l'air qui entre accidentellement par les joints des portes et des fenêtres. *C'est là une mauvaise ventilation.* Ce système ne remplit les conditions imposées au cahier des charges que si l'on mesure l'air sortant par la cheminée d'appel.

« (Conclusion conforme à celle de la Commission chargée par l'Administration de recevoir les appareils de M. Duvoir) (1).

« Le système de MM. Thomas et Laurens donne, au contraire, une ventilation effective, *double de celle qui était demandée dans le programme.*

« En analysant la dépense attribuée à ce système, retranchant ce qui lui est étranger, et tenant compte des économies en partie déjà réalisées, on peut affirmer que les résultats obtenus par le système de MM. Thomas et Laurens le sont à meilleur marché que ceux que l'on obtient avec le système de M. L. Duvoir.

« Par conséquent, enfin, le système de ventilation par insufflation devra être préféré, toutes les fois que l'on pourra utiliser, pour les chauffages divers, la vapeur qui aura servi à faire marcher les machines : ces conditions se trouvent réalisées dans les hôpitaux (2).

---

(1) Cette Commission était composée de MM. Combes, E. Péligot et Leblanc.

(2) *Étude comparative des deux systèmes de chauffage et de ventilation établis à l'hôpital Lariboisière,* page 79.

CONCLUSIONS DE MM. TRÉLAT ET H. PÉLIGOT.

« Abordons maintenant la discussion des deux systèmes au point de vue de leur efficacité ; la discussion au point de vue économique sera l'objet de la deuxième partie de ce travail.

« Le premier fait qui ressort de cette longue série d'expériences, c'est que, en mesurant le volume d'air débité *à sa sortie*, c'est-à-dire, pour le système de ventilation par insufflation, à l'orifice de la cheminée d'évacuation, et pour le système de ventilation par appel à l'orifice de la cheminée d'appel, les deux entrepreneurs ont satisfait aux conditions du marché. Il est vrai que, dans tous les cas, *la ventilation par pulsion est plus puissante* que ne le demandait le cahier des charges, et que *le volume d'air mesuré à la sortie est loin d'être le volume total envoyé dans les salles, une grande quantité de celui-ci s'en allant par les fissures des portes et des fenêtres*. Il est vrai aussi que, dans l'autre système, quelques expériences rares, et dont les résultats peuvent être attribués à des causes accidentelles, ont accusé un débit moindre que les 60 mètres cubes exigés par le marché. Mais, en résumé, et en moyenne, si, d'après le marché, les 60 mètres ne sont exigibles qu'à la sortie des salles, on peut dire que l'exécution répond aux conditions posées par l'Administration. Mais si l'on considère *le volume d'air admis dans les salles et non le volume évacué*, les conclusions sont bien différentes.

« En se reportant aux expériences précédemment relatées, on trouve que les poêles des pavillons de droite débitent un volume d'air correspondant par heure et par lit à 62 mètres cubes, 73 mètres cubes, 107 mètres cubes, etc., et, en moyenne, à 77 mètres cubes, tandis que les poêles des pavillons de gauche débitent seulement un cube correspondant à 15 mètres cubes,

21 mètres cubes, 56 mètres cubes, et, en moyenne, à 30 mètres cubes à peine, par heure et par lit.

« Or, ainsi que nous l'avons dit, dans le système Thomas et Laurens, l'air entrant par les poêles est loin d'être le cube total d'air frais admis dans les salles par l'action du ventilateur, et, en tenant compte de la quantité d'air que laissent passer les fissures des caniveaux, le volume total peut être facilement évalué à 90 *mètres cubes d'air frais*, par heure et par lit.

« Dans le système Duvoir, au contraire, le volume d'air admis par les poêles est la seule quantité d'air frais que l'on puisse raisonnablement compter; en effet, comme nous l'avons fait voir, l'air qui s'introduit par les fenêtres est plutôt nuisible qu'utile et ne peut se répandre dans la pièce.

« Il ressort donc fatalement de ces faits que le volume d'air frais amené par le ventilateur *est trois fois plus considérable, toute proportion gardée, que le volume d'air frais aspiré par l'effet de la chaleur des poêles du système Duvoir.*

« Cette considération, la plus importante de toutes, fait ressortir un avantage indiscutable du système de MM. Thomas et Laurens.

« Si, en effet, il est nécessaire, pour une bonne ventilation, de fournir à chaque malade 60 mètres cubes par heure, il est clair que ces 60 mètres cubes doivent être de l'air frais destiné à renouveler l'air vicié par la respiration et les émanations diverses qui se produisent dans une salle d'hôpital.

« Or, cet air n'est réellement utilisable, que s'il fait dans la salle un séjour suffisant, et il est impossible de considérer comme tel l'air venant par les fissures des portes et des fenêtres dans le système Duvoir. Cet air, en effet, est d'autant plus froid que la température extérieure est moins élevée; *il vient, pour ainsi dire, entourer la tête des malades, et se rend immédiatement aux canaux d'évacuation; il ne se mélange pas à l'air de la salle et ne peut servir efficacement à sa ventilation. Ce n'est donc pas réellement 60 mètres cubes d'air par heure et par lit que fournit M. Duvoir à l'hôpital, c'est 60 mètres cubes qu'il fait évacuer, tandis qu'il n'en fournit que 30 mètres cubes. MM. Thomas et Laurens, au contraire, donnent bien effectivement et efficacement 90 mètres cubes d'air frais par heure et par lit, c'est-à-dire trois fois plus que n'en fournit M. Duvoir.*

« Un autre point de vue, capable aussi de donner l'avantage au système de ventilation par pulsion, c'est que, lorsque les portes ou les fenêtres sont ouvertes dans les salles servies par le ventilateur, l'évacuation de l'air est seul modifiée, *sans qu'aucune influence se manifeste sur son admission;* tandis que, dans les pavillons des femmes, l'ouverture des portes ou des fenêtres diminue singulièrement (de 17.11 0/0) le volume d'air admis par les poêles. Ce résultat était facile à prévoir. Quelle pourrait être, en effet, l'influence de l'ouverture des baies sur l'admission de l'air par le ventilateur, et n'est-il pas tout simple, au contraire, que l'air appelé par la différence de température de l'air de la salle et l'air extérieur passent de préférence par les fenêtres ouvertes, les baies étant beaucoup plus grandes que celles que lui présentent les canaux d'admission ? Cet air est bien, il est vrai, de l'air neuf, mais c'est de l'air neuf qui n'a pas passé par les poêles et qui, par conséquent, ne rentre pas dans les données du programme, puisque ce programme exige une ventilation continue d'air *chaud* pendant l'hiver. Il ne peut donc être considéré comme utilement acquis à la ventilation.

« Enfin, le programme demandait aussi une ventilation continue d'air froid pendant la saison chaude, et il résulte des expériences et des faits que cette condition, *très-bien remplie dans les pavillons de droite, est assez mal exécutée, au contraire, dans les pavillons de gauche.* Le traité intervenu avec M. Léon Duvoir l'autorise d'ailleurs à ne ventiler, l'été, que pendant la nuit. Pendant la journée, on se contente d'ouvrir les fenêtres des salles pour renouveler l'air.

« Eh bien, de l'avis à peu près unanime, et comme nous avons pu nous en assurer nous-mêmes en rentrant, pendant l'été, dans les salles des hommes, où toutes les fenêtres étaient fermées, la ventilation est tellement efficace qu'aucune odeur ne se produit, quelle que soit la température extérieure, quelle que soit aussi la nature des maladies que l'on traite dans les salles.

« En entrant, au contraire, dans une salle de femmes ayant un grand nombre de fenêtres ouvertes, on éprouve un véritable malaise ; il y a une odeur caractéristique parfaitement accusée.

« Nous n'avons pas à juger ici les clauses du cahier des charges, mais il y aurait certainement avantage à ventiler, pendant l'été, aussi bien le jour que la nuit. Les malades respireraient une atmosphère plus pure et plus saine, et ils n'auraient pas à craindre les courants d'air qui peuvent avoir sur leur santé une fâcheuse influence.

« Concluons, pour terminer la première partie de cette étude, du rapprochement de ces nombreuses expériences, qu'il faut reconnaître, *au point de vue de l'efficacité du système, un grand avantage à la ventilation forcée de MM. Thomas et Laurens sur la ventilation de M. Léon Duvoir.*

En lisant ces conclusions si claires, si précises, appuyées sur des faits répétés et soigneusement vérifiés, et en les rapprochant par la pensée de celles que le rapport, soumis au Comité consultatif des hôpitaux, lui propose, il est impossible de n'être point frappé du dissentiment profond qu'elles manifestent ; il est impossible de n'y point trouver un motif de se recueillir avant de recommander aux administrations hospitalières de s'engager dans un système dont la complète efficacité est au moins problématique, et qui ne présente de certain que la dépense qu'il doit entraîner.

4

XIV

Concluons, à notre tour, en quelques mots.

Le système de ventilation par appel et celui qui procède par insufflation présentent, dans les applications qui en ont été faites jusqu'ici, divers défauts plus ou moins graves; mais, pour arriver à dégager le débat de ce qui l'obscurcit sans cesse, il convient d'en écarter les petites difficultés et les petites objections, c'est-à-dire celles qui se rapportent à un ordre de faits susceptibles de modifications toujours possibles.

Le système de ventilation par appel, tel qu'il a été appliqué à Lariboisière, à Necker et à Beaujon, établit ses prises d'air sur les faces latérales des bâtiments, au-dessous des fenêtres des salles de malades. C'est là une disposition essentiellement mauvaise, puisque c'est l'atmosphère ambiante des salles elles-mêmes qui fournit l'air de ventilation, et que, si l'on ouvre une ou plusieurs fenêtres d'où l'air vicié s'échappe, cet air rentrera dans les salles, en se précipitant par les ouvertures supérieures où il est appelé avec énergie. Nous ne parlons pas ici de l'inconvénient qu'il y a, d'ailleurs, à prendre l'air sur des surfaces qui sont, dans la saison d'été, où la ventilation réclame de l'air frais, fortement échauffées par le soleil.

Nous ne perdons pas de vue que, selon la prétention du rapporteur, il serait possible de réaliser, dans le sys-

tème de l'appel, l'avantage acquis au système de l'insufflation, de prendre l'air neuf dans l'atmosphère; mais
aucune expérience décisive n'a été faite à ce sujet, et
celle qu'on a pratiquée à l'hôpital de Guy, à Londres, ne
paraît pas être une démonstration péremptoire de l'efficacité de ce moyen, dans la ventilation par appel. Il est
probable que, si l'on proposait aux administrations hospitalières d'ajouter à des constructions déjà coûteuses,
dont elles supportent difficilement la charge, ces ouvrages gigantesques que l'on a édifiés à Londres, dans
l'essai dont nous avons parlé, cette proposition les trou-
verait fort hésitantes.

Mais, soit que, dans le système de l'appel, l'on con-
serve le mode de prise d'air actuel, soit que l'on réus-
sisse un jour à prendre l'air en un point déterminé de
l'atmosphère, on n'évitera jamais que l'air servant à ventiler les salles ne soit fourni en quantité notable (1) par
les portes des escaliers et par les joints des fenêtres. Or,
l'air qui vient ainsi de l'extérieur et qui, l'hiver, doit
être chauffé, pénètre froid dans les salles; il ne peut
qu'être nuisible aux malades par les courants qu'il dé-
veloppe, et il ne sert pas à la ventilation, puisqu'il se dirige immédiatement vers les bouches d'évacuation,
comme l'ont constaté MM. Grassi et Trélat. Quant à l'air
venu des escaliers, il est loin d'être pur, puisqu'il par-

---

(1) Actuellement, cette quantité est de plus de moitié de l'air admis
dans les salles.

ticipe par une communication presque constante à l'atmosphère des salles auxquelles ils donnent accès.

Cette admission forcée d'un volume considérable d'air qui vient s'ajouter aux quantités entrant par les ouvertures normales constitue, pour le système par appel, un vice radical qui doit y faire renoncer, lorsqu'il s'agit des hôpitaux.

On chercherait en vain, dans le système de l'insufflation, l'un de ces défauts essentiels qui doivent en faire rejeter l'application. Dans ce système, l'air pris loin des causes de viciation, est injecté en quantité considérable dans les salles de malades, et il peut y être conduit, sans pertes sensibles, par les orifices réguliers disposés pour cet usage. Sous l'influence de la pression de l'air arrivant par couches successives et avec l'aide de l'appel des canaux ouverts pour l'évacuation, la sortie de l'air s'effectue avec facilité pendant toute la saison d'hiver. Si, l'été, ou même au printemps, l'évacuation de l'air vicié se trouve ralentie, il est facile d'y remédier, ainsi que divers inventeurs en ont eu l'idée, soit en faisant marcher, pendant le temps nécessaire, un ventilateur aspirant, soit en créant, dans la cheminée d'évacuation, un foyer de chaleur venant en aide à l'action de la pression ; l'un ou l'autre de ces deux moyens peut être employé à peu de frais dans les hôpitaux où l'on dispose d'une force de vapeur et où les besoins des malades nécessitent l'établissement permanent de réservoirs d'eau chaude. Nul doute que l'on ne puisse recourir à ces moyens accessoires, en restant, par de bonnes dispositions, dans des limites qui ne permettent pas à l'air du dehors de pénétrer avec abondance par les fenêtres et par les portes, et de venir ainsi accroître, fictivement et probablement d'une manière nuisible, le volume de l'air servant à la ventilation.

Ainsi la ventilation par appel, telle qu'on la voit fonctionner à Lariboisière, à Necker et à Beaujon, présente deux vices graves, inhérents au système, irrémédiables jusqu'à preuve contraire, qui doivent en faire écarter l'emploi dans les hôpitaux.

Au contraire, le système de l'insufflation satisfait, sans offrir aucun de ces inconvénients, aux exigences d'une bonne ventilation, et si, pour donner plus d'activité à l'évacuation de l'air pendant la saison d'été, on juge à propos d'ajouter à l'action de pression du ventilateur quelque moyen d'appel, ce qui pourrait être réalisé facilement et économiquement, le système ne laissera plus rien à désirer, même au dire de ses adversaires.

Nous ne sommes point d'avis cependant de proscrire en principe, pour les hôpitaux, la ventilation par appel, car il est des applications simples qui peuvent, dans ces établissements, en être faites avec avantage; par exemple, lorsqu'il s'agit, dans le cas de chauffage par calorifère, d'utiliser, pour l'évacuation de l'air par des canaux disposés spécialement pour cet objet, la chaleur des tuyaux de fumée des appareils ou des fourneaux d'office.

Paris, le 6 novembre 1864.

A. HUSSON,

Directeur de l'Administration générale de l'Assistance publique.

Paris, imp. PAUL DUPONT, rue de Grenelle-Saint-Honoré, 45.